AF614649

Die in den Sitzungsberichten Abt. I und Abt. II der math.-nat. Klasse der Österr. Akad. d. Wiss. erscheinenden Abhandlungen werden auch einzeln abgegeben. Sie können durch jede Buchhandlung oder direkt durch die Auslieferungsstelle der Österreichischen Akademie der Wissenschaften (Wien I, Singerstraße 12) bezogen werden.

Nachfolgende Abhandlungen aus dem Fache **Astronomie** sind erschienen:

1950 (S II a, Bd. 159):

Haupt H.: Über Phasenkoeffizienten und Albedo der kleinen Planeten Ceres, Palls, Juno und Vesta, 20 Seiten. S 21.60

Nikoloff I.: Definitive Bahnbestimmung des Kometen 1936 III (Kaho-Kozik.-Lis), 17 Seiten. S 20.40

Pastor M.: Die Feuerkugel vom 4. Jänner 1945, $17^h\ 52^m$ MEZ., 22 Seiten. S 16.—

Socher H.: Die Polhöhe der Universitäts-Sternwarte Wien. 10 Seiten. S 8.60

Socher H.: Veränderliche Fundamentalsterne der „Potsdamer Durchmusterung" (mit 2 Abbildungen), 9 Seiten. S 7.20

1951 (S II a Bd. 160):

Eichhorn H.: Die Genauigkeit einer Kreisbahnbestimmung, 15 Seiten. S 8.50

Schrutka-Rechtenstamm Erna: Definitive Bahnbestimmung des Kometen 1932 I, 25 Seiten S 19.80

Senftl E.: Definitive Bahnbestimmung des Kometen 1930 V (Forbes), 15 Seiten. S 13.60

1952 (S II a, Bd. 161):

Ferrari d'Occhieppo K.: Die Häufigkeitsfunktion der Sternmassen (mit 3 Abbildungen), 31 Seiten. S 22.50

Hopmann J.: Selenodätische Untersuchungen, 46 Seiten. S 23.90

Krumpholz H.: Beobachtungen von Kometen und von (433) Eros, 2 Seiten. S 2.20

Nikoloff I.: Photographische Positionen am Normal-Astrographen, 2 Seiten. S 2.20

Schütte K.: Galaktozentrische Bahnelemente von 1026 Fixsternen in der nächsten Umgebung der Sonne (mit 3 Abbildungen), 72 Seiten. S 27.—

Schrutka-Rechtenstamm G.: Definitive Bahnbestimmung des Kometen 1930 III, 21 Seiten S 8.—

1953 (S IIa, Bd. 162):

Eichhorn H.: Ein verkürztes Verfahren zur exakten Bestimmung von Schrauben- oder Skalenfehlern und Untersuchung des Töpferschen Meßapparates der Wiener Universitäts-Sternwarte (mit 1 Abbildung und 1 Tafel). S 21.50

Hopmann J.: Photometrie von 420 visuellen Doppelsternen. S 35.80

Hopmann J.: Beobachtungen der totalen Mondesfinsternis vom 30. Jänner 1953 auf der Universitäts-Sternwarte Wien (mit 4 Abbildungen). S 18.70

Hopmann J.: Photometrisch-kolorimetrische Beobachtungen von visuellen Doppelsternen. S 19.20

Schrutka-Rechtenstamm G.: Definitive Bahnbestimmung des Kometen 1932 V (Peltier-Whipple). S 29.40

Schütte K.: Galaktozentrische Bahnelemente von 1026 Fixsternen in der nächsten Umgebung der Sonne (mit 5 Abbildungen). S 27.—

Widorn Th.: Die atmosphärischen Verhältnisse bei astronomischen Beobachtungen in Wien (mit 7 Abbildungen). S 7.20

1954 (S II, Bd. 163):

Ferrari d' Occhieppo K.: Leuchtkraftfunktionen und Heß-Diagramm im Bereich der Weißen Zwerg-Sterne (mit 2 Abbildungen). S 14.30

Hopmann J.: Photometrisch-kolorimetrische Beobachtungen von visuellen Doppelsternen. II. Beobachtungen mit dem Rotkeil-Kolorimeter. S 14.90

Hopmann P.: Photometrisch-kolorimetrische Beobachtungen von visuellen Doppelsternen. III. Beobachtungen mit dem Blau-Rot-Keil-Kolorimeter. Diskussion des Gesamtmaterials. Die Farbenhelligkeitsverteilung. S 21.30

Hopmann J.: Der Doppelstern ADS 11632. S 14.30

ISBN 978-3-662-23724-3 ISBN 978-3-662-25823-1 (eBook)
DOI 10.1007/978-3-662-25823-1

Ermittelung von Höhen auf dem Monde

Von

Josef Hopmann (Wien)

(Vorgelegt in der Sitzung am 17. Jänner 1963)

Zusammenfassung

1. Nach einer geschichtlichen Darstellung der Selenodäsie und der heutigen Koordinatenverzeichnisse werden die neuen Höhenschichtenkarten des Mondes statistisch miteinander verglichen. Es sind dies zwei Karten des US-Heeresvermessungsdienstes, eine Karte von Baldwin und das Verzeichnis von 150 trig. Punkten Schrutkas. Alle beruhen auf der Ausnutzung des Stereoeffektes. Dieser ist aber stets so klein, daß, wie die relativ niedrigen Korrelationskoeffizienten zeigen, zwar alle vier Vermessungen in den Grundzügen übereinstimmen, gar nicht aber in den Einzelheiten. Es wird hier — ähnlich wie sonst in der Astrometrie — nötig sein, zur Schaffung eines Netzes gesicherter Höhenpunkte als Voraussetzung für die Einzelarbeit nicht etwa nur die Ergebnisse eines Einzelinstitutes zu verwenden, sondern aus mehreren, möglichst unabhängigen Beobachtungsreihen in passender Weise Gesamtmittelwerte abzuleiten.

Im übrigen wird das stereoskopische Verfahren für Abstände von mehr als 60° von der Mondmitte zu unsicher und muß durch ein anderes ergänzt werden.

2. Ein Vergleich der klassischen Messungen relativer Höhen mit heutigen visuellen und photographischen zeigt, daß die alten Beobachtungen von Mädler und Schmidt auch heute noch durchaus verwertbar sind. Dabei können vielleicht die photographischen stärkeren systematischen Fehlern ausgesetzt sein, als die visuellen. Die Nichtbeachtung der absoluten Höhen kann auch bei den relativen zu systematischen Fehlern Anlaß geben.

3. H. Ritter hatte eine Höhenschichtenkarte auf Grund der visuellen Festlegung der jeweiligen wahren Lichtgrenze veröffentlicht. Eine kritische statistische Untersuchung durch Vergleich mit den oben genannten Karten ergab: a) Nach Maßgabe der ziemlich großen Korrelationskoeffizienten scheint dieser neue Ansatz im Prinzip brauchbar zu sein, b) Ritters in der Hauptsache graphisches Beobachtungsverfahren muß durch passende Mikrometermessungen ersetzt werden, c) der Einwand von Jakowkin und Belkowitsch besteht zu Recht, daß die Neigung des Geländes an der jeweiligen wahren Lichtgrenze bekannt sein muß.

Damit erklärt sich auch die zu große Amplitude der Ritterschen Höhen. Setzt man umgekehrt die absoluten Höhen gleich Null, so erhält man aus seinen Messungen die (im Durchschnitt zu großen) Geländeneigungen. Diese — im Durchschnitt 0°,25 entsprechend Neigungen von 1 : 200 — sind unerwartet klein. Von den eigentlichen Bergformationen abgesehen ist die gesamte Mondoberfläche außerordentlich eben, es dominiert völlig die Krümmung der Kugelgestalt.

4. Eine Verbesserung des Lichtgrenzenverfahrens ergibt sich durch mikrometrischen Anschluß einer isolierten jenseits der Lichtgrenze auftauchenden (verschwindenden) Bergspitze an einen der vielen trigonometrischen Punkte 4. Ordnung, und zugleich Messen des Abstandes der wahren Lichtgrenze von dieser Spitze. Das Prinzip der Berechnung der absoluten Höhe wird an einem stark vereinfachten Fall dargestellt.

5. Die genauen Einzelheiten im allgemeinen Fall werden anschließend geschildert (Berücksichtigung der Mondparallaxe, Libration, selenozentrische Koordinaten der Sonne, ihr Radius usw.).

6. An Hand von Beispielen werden nicht nur die Fehler des Ritterschen Ansatzes gezeigt, sondern vor allem, wie sich die beiden Verfahren — Ausnutzung des Stereoeffektes und Vermessung der Lichtgrenze — gegenseitig ergänzen und auch kontrollieren müssen. Stereoeffekt bis zu etwa 50° Abstand von der Mondmitte, das neue Verfahren von etwa 30° zum Mondrand.

Vor allem ist ferner für randnahe Stellen nur mit dem Lichtgrenzenverfahren eine korrekte Bestimmung der selenographischen Längen und Breiten möglich. Das ist wichtig für die Auswertung künftiger Photographien, die von Raumfahrzeugen aus aufgenommen, die Karte der Rückseite des Mondes mit der der Vorderseite verbinden sollen.

I. Geschichtliche Vorbemerkung, relative und absolute Höhen. Der Stereoeffekt

Zwar hat schon Galilei [1] in seinem „Nuncius Sidereus" darauf hingewiesen, daß es aus dem Auftauchen oder Verschwinden von Bergspitzen auf dem Monde zur Zeit des ersten oder letzten Viertels möglich sein muß, Schlüsse auf deren Höhe zu ziehen. Doch blieb es bei der Anregung. In seiner umfangreichen Selenographie hat einige Jahrzehnte später Hevelius in Danzig [2] der Frage mehrere Seiten gewidmet. Aber er ging nicht über allgemeine Betrachtungen hinaus. Hevelius ist bekanntlich der Schöpfer einer der ersten Mondkarten und viele der von ihm eingeführten Bezeichnungen sind heute fest eingeführt. Hevelius kam zu dem durchaus richtigen Schluß, daß die Berge auf dem Monde höher seien, als die ihm bekannten auf der Erde, wie der Athos in Griechenland, der Ätna, der Atlas u. a. Unbekannt waren ihm Mt. Blanc, Kaukasus, Anden und der Himalaja. Übrigens benutzte Hevelius auch kein Mikrometer. Es scheint, daß zu Ende des 18. Jahrhunderts Schröter in Liliental bei Bremen [3] zunächst noch der Anregung von Galilei folgte, seine diesbezüglichen Arbeiten liegen in Wien nicht vor. Dann ging er zur Ableitung relativer Höhen von Mondobjekten aus den mikrometrischen Messungen von Schattenlängen über. Dieses Verfahren wurde von Olbers und Mädler [4] ausgebaut und in zahlreichen Fällen verwendet. Ihm folgte J. Schmidt [5], der zuerst auf der Privatsternwarte seines Gönners, des Domkapitulars von Unkrechtsberg in Olmütz, ähnlich Mädler in Berlin, beobachtete (beide mit 4-Zöllern, ohne Uhrwerk) Schattenlängen maß, und die Arbeiten später in Athen fortsetzte. Auf die Arbeiten dieser beiden Forscher gehen auch heute noch die meisten Höhenangaben der Mondliteratur zurück. Die Höhen, relativ jeweils zu dem Gelände, auf das die Schattengrenze fällt, wurden und werden dabei gerne übertrieben genau mitgeteilt, auf „Fuß" bzw. einzelne Meter, während sie doch meist nur 200 bis 300 m genau sind [6].

Dabei können nach Ost oder West gerichtete Schatten verschiedene Werte ergeben, wenn die Umgebung selbst uneben ist, oder aber der selenozentrische Ort des Objekts fehlerhaft ist (s. unten).

Absolute Höhen auf dem Monde müssen sich auf den passend gewählten Radius einer Kugel als Maßstabseinheit beziehen. Dazu wählen wir den mittleren Radius des Randes der der Erde zugekehrten

Mondhälfte, also frei von den Unregelmäßigkeiten des Randprofiles, Librationseinflüssen usw. Auf diese Einheit beziehen sich die Koordinaten des etwa 6000 Punkte umfassenden Verzeichnisses nebst Atlas von Müller und Blagg [7], die vornehmlich auf den heliometrischen und photographischen Vermessungen von J. Franz [8, 9, 10] und S. A. Saunder [11] beruhen. Eine noch schärfere Definition wird weiter unten angegeben.

Einen ersten Versuch zur Bestimmung absoluter Höhen verdanken wir J. Franz [8]. Er maß einige mit dem großen Refraktor der Lick-Sternwarte bei starker Libration gewonnene Mondaufnahmen. Der Stereoeffekt ermöglicht dann die Ermittlung absoluter Höhen (s. unten). Aus den Werten für 60 Punkte konnte eine erste Höhenschichtenkarte entworfen werden, deren Hauptergebnis, Höherliegen des Südwestquadranten, tiefere Lage des Nordostquadranten, sich später bestätigen ließ. Nachher hat Franz die gleichen fünf Platten in Breslau erweitert vermessen und so sehr gute Koordinaten von 150 kleinen Kratern und dergleichen ermittelt, wobei auf die Ableitung von Höhenangaben verzichtet wurde [9]. Vielleicht geschah dies infolge der Kritik, die J. Hayn [12] an den Königsberger Reduktionsmethoden machte. Die oben erwähnten Kataloge von Franz, Saunder, Müller und Blagg sowie ein kleiner Beitrag von H. Roth [13] beruhen alle auf dieser Arbeit.

Da die Breslauer Arbeit die Rohwerte der Messungen ausführlich enthält, konnte Hopmann [14] für diese 150 Punkte nachträglich die absoluten Höhen ableiten. Später hat dann Prof. Dr. G. Schrutka das gesamte Beobachtungsmaterial — Heliometer- und Mikrometermessungen sowie die photographischen Arbeiten von Franz und Hayn — einer eingehenden Neubearbeitung unterzogen [15, 16, 17] und so für 150 Punkte die drei rechtwinkligen selenozentrischen Koordinaten bzw. Längen, Breiten und absolute Höhen nebst allen ihren mittleren Fehlern abgeleitet, wobei für die Höhen wieder der Stereoeffekt benutzt wurde. Aus den Angaben für die 150 Punkte haben dann Schrutka und Hopmann [18] eine grobe Höhenschichtenkarte gewonnen.

Man könnte daran denken, das von Hopmann benutzte Verfahren auch bei den in [10] verhältnismäßig ausführlich mitgeteilten Messungen in den Randlandschaften des Mondes anzuwenden. Es zeigt sich aber, daß Franz in der Hauptsache Platten bei solcher Lage der Libration vermessen hat, die diese Randpartien möglichst günstig zeigen. Es fehlen aber Aufnahmen bei entgegengesetzter Libration, wodurch der Stereoeffekt zu klein wird. Vielleicht gibt eine in Wien begonnene Arbeit auch in dieser Richtung neues brauchbares Material, unter Umständen in Verbindung mit den Messungen von Franz.

Nachdem neuestens durch die Raketentechnik Mondforschungen wieder aktueller geworden sind, hat sich der Army Map Service (nachstehend abgekürzt mit AMS) des „Corps of Engineers of U. S. Army“ diesen Fragen in doppelter Weise zugewendet. Einmal wurden etwa 250 Punkte auf neun Platten der Sternwarten Lick, Yerkes usw. in üblicher Art vermessen und im wesentlichen ebenso reduziert, wie es Schrutka getan hat, nur mit Einsatz elektronischer Rechenmaschinen [19]. Im Augenblick der Niederschrift dieser Zeilen liegt mir nur der Methodenbericht vor, nicht der Katalog der Ergebnisse, Fehlerdiskussion usw.

Zum gleichen Zweck — Schaffung der räumlichen Koordinaten von Fixpunkten auf dem Monde — hat auf Ansuchen von Prof. Schrutka das Lick-Observatory 15 Glaskopien mit Aufnahmen am großen Refraktor nach Auswahl von ihm zur Verfügung gestellt, die zur Zeit hier vermessen und bearbeitet werden. Es ist dies keine überflüssige Doppelarbeit. Vielmehr wird es wie in der Meridiankreisastronomie, bei den trigonometrischen Sternparallaxen usw. angebracht sein, für die fundamentalen Mondpunkte mehrere möglichst gleichwertige aber unabhängige Bestimmungen zu haben.

In diesem Sinne ist auch die Arbeit von Baldwin [20] zu begrüßen, über die zur Zeit ein Vorbericht nebst Höhenschichtenkarte vorliegt. Baldwin hat über 600 scharf definierte Objekte in ähnlicher Art wie Franz vermessen. (Während der Drucklegung erhielt ich das Buch von Baldwin „Measures on the Moon“ mit den Koordinaten der vermessenen 696 Punkte.) Auch die Konferenz in Bagneres vom April 1960, in der eine Reihe Spezialisten Fragen der Mondvermessung erörterten [21], verlangt eine Wiederholung der Arbeiten des 19. Jahrhunderts, insbesondere — mit anderen Mitteln — die Bestimmung fundamentaler Punkte, für deren Auswahl Weimer im Anhang zu [21] eine rund 150 Objekte umfassende Liste vorschlug. Naturgemäß sind ein überwiegender Teil von ihnen auch in [17].

Vor der Besprechung der zweiten Arbeit des AMS sind einige Ausführungen über den Stereoeffekt angebracht.

Dabei ist zu unterscheiden zwischen a) dem Stereoeffekt in engerem Sinne und b) dem stereoskopischen Effekt.

Zu a): Gegeben seien die rechtwinkligen Plattenkoordinaten einer Anzahl Mondobjekte auf mindestens zwei, besser mehreren Aufnahmen unter möglichst verschiedener optischer Libration. Die Platten werden einzeln vermessen. Es ist dann möglich (siehe z. B. Schrutka [17]), unter Benutzung der durch den Zeitpunkt der Aufnahme gegebenen Parallaxe, Libration usw., die räumlichen rechtwinkeligen Koordinaten ξ, η, ζ abzuleiten und dann weiter die selenozentrischen Längen, Breiten, und absoluten Höhen. Wie die Arbeit von Schrutka zeigt, sind bei dem Ausgleich mehrerer Platten die m. F. der ξ und η über die Mondscheibe hin etwa gleich groß, dasselbe gilt von den ζ nur mit dem grundlegenden Unterschied, daß deren m. F. — weil die Libration selten 10° erreicht — etwa zehnmal größer sind als die der ξ und η. Der Stereoeffekt in engerem Sinne entspricht geodätisch einem Vorwärtseinschneiden, wobei nur das Verhältnis „Basis zu Entfernung" ungünstig klein ist.

Diese Verhältnisse wirken sich auf die aus den ξ, η, ζ abgeleiteten Polarkoordinaten beim Übergang von der Mitte zum Rande des Mondes wie folgt aus: Die absoluten Höhen sind überall gleich genau, formelmäßig am Rande sogar etwas besser, was aber durch die dort größeren Meßunsicherheiten (Auffassung der dort sehr elliptischen Krater usw.) kompensiert wird. Dagegen sind die Längen und Breiten in der Mitte am genauesten. Sie werden zum Rande hin zunehmend schlechter, entsprechend sec d, wenn d der selenozentrische Abstand von der Mitte ist. Es wird sich dies z. B. unangenehm auswirken, wenn es einmal gilt, aus Raketenaufnahmen genaue Koordinaten von Kratern auf der Rückseite des Mondes im Anschluß an solche der Vorderseite zu ermitteln.

Zu b): Beim stereoskopischen Effekt werden im Prinzip — ungeachtet aller meßtechnischen Finessen des AMS oder der US-Air Forces — zwei Platten mit möglichst verschiedener Libration gleichzeitig untersucht.

Je nach der Größe der optischen Libration wird ein höher gelegener Punkt des Mondes von der Erde aus gesehen eine scheinbar größere Ortsänderung erfahren, als eine tiefere Stelle. Der Effekt ist am stärksten in der Mitte der Mondscheibe und verschwindet am Rande. Um die Größenordnung zu kennzeichnen, sei folgender einfacher und zugleich optimaler Fall angenommen. Die Spitze eines Berges genau in der Mitte der Mondscheibe bei Libration 0 liege 8,7 km gleich 1 : 200stel Mondradius über einem daneben befindlichem Punkte in mittlerem Niveau. Wenn nun die Libration den recht großen Betrag von $L = 5^\circ\!\!.6$ hat, so hat der niedrige Punkt den Abstand $\sin L = 0{,}10000 = 99''\!\!.30$ bei mittlerer Parallaxe, die Spitze aber $0{,}10050 = 99''\!\!.80$. Anders gesagt: Selbst bei so starker Libration macht ein Höhenunterschied von 1 km nur $0''\!\!.05$ aus, bei Objekten in 55° Abstand von der Mitte nur $0''\!\!.03$ usw.

Nun sind die als Fixpunkte ausgewählten Stellen infolge Schattenwurfs usw. auf den Platten sicher nicht so genau meßbar, wie bei einem Parallaxenprogramm die Fixsterne. Hier liegt aber bei 20 Platten erfahrungsgemäß die Grenze brauchbarer trigonometrischer Parallaxen eben bei $0''\!\!.05$. Es ist also nur ein gutes Zeugnis für die fünf alten Lickplatten und ihre Vermessung durch Franz, wenn bei der Neubearbeitung durch Schrutka im Durchschnitt der mittlere Fehler einer Höhenangabe $\pm$ 1,0 km beträgt. Hoffen wir, daß die neuen Vermessungen genauer sind. Aber erst der Vergleich der verschiedenen Arbeiten wird einen Einblick in die wirklich erhaltene Lage geben, wie bei anderen astronomischen Vermessungen.

Im Sommer 1960 versandte der AMS an die Mitglieder der Mondkommission der IAU zur kritischen Stellungnahme eine äußerst detailreiche, bestechend schön ausgeführte Höhenschichtenkarte der Westhälfte des Mondes (ohne die randnahen Gebiete). Die Amplitude der Höhenunterschiede geht bis zu 17 km(!), etwas ungewohnt bei den bisherigen Anschauungen.

Herangezogen werden die Aufnahmen, die vor über 60 Jahren am großen Pariser Coudé-Refraktor gewonnen wurden, und die bekanntlich die Grundlage des Pariser Mondatlasses bilden. Es sind dann paarweise Platten zu kombinieren, möglichst mit gleicher Phase, aber vor allem mit stark verschiedener Libration. Die Platten eines Paares haben dann gewöhnlich recht verschiedenen Maßstab, schon wegen der verschiedenen Mondentfernungen.

Die Geräte und Methoden der normalen, modernen Luftbildphotogrammetrie gestatten aber, diese Unterschiede auszugleichen, und mittels geeigneter Paßpunkte die beiden Platten relativ zueinander zu orientieren. Als Paßpunkte dienen die 250 in der ersten Arbeit untersuchten kleinen Krater usw. Das Ermitteln der Höhenschichten ist dann — wenigstens prinzipiell — nicht anders, als bei Luftaufnahmen etwa eines Himalayagebietes, wo auch zuerst auf der Erde Paßpunkte markiert und mit den üblichen Verfahren (Triangulation, trigonometrische Höhenmessung usw.) vermessen werden müssen. Wieder wird in vollstem Umfange der Stereoeffekt ausgenutzt.

Die Schichtenlinien gehen von 1000 zu 1000 m, wobei dem Fundamentalpunkt aller Mondvermessungen, dem Krater Mösting A, willkürlich die Höhe 7000 gegeben wird. Dann ließen sich negative Werte vermeiden. Nach Schrutka beträgt seine absolute Höhe $+ 1{,}4 \pm 0{,}4$ km. Diese Nullpunktedifferenz von 5,6 km ist für alles weitere von keiner Wichtigkeit. Die Karte ist in einer sehr praktischen modifizierten stereographischen Projektion ausgeführt, bei der die mehr zum Rande gelegenen Teile sich in ihrer wahren Gestalt besser darstellen, z. B. das Mare Crisium, als in der gewohnten orthographischen Projektion. Übrigens hat schon 1910 Franz von der stereographischen Projektion Gebrauch gemacht [9].

Auf der bis jetzt vorliegenden Karte der Westhälfte des Mondes (mit 57,3 cm Radius hat sie etwa den Maßstab $1:3\cdot 10^6$) liegen besonders tief das Mare Crisium, weniger die anderen Maria, dann einige ausgedehnte Objekte, wie Posidonius, Cleomedes, Gauß usw. Die höchsten Punkte, 10 km über Mösting A, sind Teile der Alpen und des Kaukasus sowie (etwas überraschend) Stellen in der Nähe von Katharina.

Im Sommer 1961 wurde in der gleichen Weise eine zweite Höhenschichtenkarte herausgegeben. Sie hat den doppelten Maßstab der ersten, beschränkt sich aber auf die zentralen Teile der Mondscheibe bzw. auf die Bereiche von $\pm 40°$ in selenographischer Länge und Breite. Durch den größeren Maßstab enthält sie noch viel mehr Einzelheiten, gibt teilweise Schichtlinien von 0,5 zu 0,5 km und enthält die Höhen zahlreicher Kleinpunkte auf 100, und die der Paßpunkte auf volle Meter genau. Zwar bleiben die oben genannten Stellen im Kaukasus usw. in dieser zweiten Karte die höchsten, die Differenz zwischen ihnen und den tiefsten Stellen beträgt aber nicht 17, sondern nur 10 km. Das heißt aber: Irgendwie sind die mit dem stereoskopischen Prinzip ermittelten Höhen noch reichlich unsicher. Gewiß haben wir zur Zeit nichts Besseres, und wie gelegentliche Nachprüfungen am Fernrohr zeigten, sind auch die Schichtenlinien im einzelnen gut getroffen. Systematisch hängen sie natürlich von den Werten für die Paßpunkte ab. Infolgedessen können größere Flächen insgesamt einmal zu hoch oder zu tief angesetzt sein. Richtig ist bei der zweiten Karte die Beschränkung auf die zentralen Teile der Mondscheibe. Zum Rande hin wird der Stereoeffekt doch zu klein.

In Konkurrenz mit dem US Army Map Service hat neuerdings auch die US AIR Force mit der Herausgabe von Karten mit dem Maßstab 1:1 000 000 für einzelne Mondlandschaften begonnen [22], über die ich mich wegen Ermangelung der Kenntnis nicht äußern kann, insbesondere wie es mit den Grundlagen für die absoluten Höhen steht.

Bereits 1935 hatte H. Ritter [23] ebenfalls eine detailreiche Höhenschichtenkarte veröffentlicht, deren Extremwerte sogar zwischen + 17 und — 14 km liegen. Er erhielt sie auf Grund eigener visueller Beobachtungen, wobei er die jeweilige wahre Lichtgrenze an anscheinend ebenen Stellen festlegte, d. h. durch ein vom stereoskopischen völlig verschiedenes Prinzip. Hierüber wird weiter unten noch ausführlich zu sprechen sein.

Auf der Höhenschichtenkarte von Schrutka und mir [18] kommen nur Isohypsen zwischen + 3 und — 2 km vor, also sehr viel weniger als auf der neuen AMS-Karte. In Verbindung mit dem oben Gesagten, ist dies dadurch zu erklären, daß bei der Auswahl der 150 Punkte von Franz ausgesprochene Hochpunkte, etwa in den Alpen, Apeninnen, Kaukasus usw. nicht mitgenommen wurden, sondern nur kleine markante Krater wie Bessel A, Taquet A, die zudem meist in Ebenen liegen.

Dieser Auswahleffekt muß natürlich die Amplitude der Isohypsen stark verkleinern. (Vergleichsweise befindet sich unter den etwa 100 trigonometrischen Punkten erster Ordnung der neuen österreichischen Landesvermessung keiner über 3000 m, so daß bei ihnen die gletscherbedeckten Ötztaler-, Zillertaleralpen und die Hohen Tauern mit Gipfeln bis zu 3800 m nicht aufscheinen).

Zweifellos stellen die amerikanischen Karten einen erheblichen Fortschritt der Selenodäsie dar. Sie werden wohl auch zu allerlei selenologischen Spekulationen Anlaß geben. Hier soll uns aber die Frage der

Genauigkeit der Höhenschichten näher beschäftigen. Objektiv wird man sie erst beantworten können, wenn weitere ähnliche oder auch nach einem anderen Verfahren durchgeführte Untersuchungen vorliegen und man Vergleiche ziehen kann. Immerhin läßt sich schon einiges dazu sagen.

In der nachstehenden Tabelle 1 sind neben den Streuungen der Höhen in Kilometern die Ergebnisse der Vergleiche zwischen den absoluten Höhenangaben nach Schrutka (Sch), Baldwin (Ba), der ersten und zweiten Karte des AMS (AMS) und von Ritter (Ri) zusammengestellt, und zwar die jeweilige Kombination, die Anzahl der Vergleichspunkte und die linearen Korrelationskoeffizienten, nebst ihren mittleren Fehlern, in üblicher Art aus Verteilungstafeln berechnet. Wir können dieser Zusammenstellung etwa folgendes entnehmen:

Tabelle 1

Streuung		Nr.	Vergleich	*a*	Kk.	m. F.
AMS I	± 2,15	1	AMS I — AMS II	81	+ 0,67	± 0,06
AMS II	± 1,36	2	AMS I — Sch	79	+ 0,58	± 0,07
Sch	± 1,85	3	AMS I — Ba	82	+ 0,31	± 0,10
Ba	± 1,76	4	AMS I — Ri	54	+ 0,66	± 0,08
Ri	± 4,42	5	AMS II — Sch	96	+ 0,60	± 0,07
		6	AMS II — Ba	162	+ 0,65	± 0,05
		7	AMS II — Ri	162	+ 0,35	± 0,05
		8	Ba — Sch	139	+ 0,12	± 0,08
		9	Sch — Ri	150	+ 0,35	± 0,07
		10	Ba — Ri	162	+ 0,44	± 0,06

Zunächst deuten die Streuungen der absoluten Höhen darauf hin, daß deren Maßstäbe stark verschieden sein müssen, besonders die der beiden AMS-Karten. (Von dem Fall Ritter ist erst später zu sprechen.) Sch. und Ba. liegen ziemlich genau zwischen den AMS-Streuungen. Welche Karte ist die richtige? Aber unabhängig von den Maßstabdifferenzen hätte man die Übereinstimmung zwischen den beiden AMS-Karten — gemessen durch den Korrelationskoeffizienten — doch wohl höher erwarten müssen. Gewiß sind alle 10 Korrelationskoeffizienten positiv — das heißt im Durchschnitt sind Höhen und Tiefen auch als solche erkannt worden —, die Koppelung zwischen je zwei Angaben ist aber nur sehr locker, ja zum Teil nicht einmal verbürgt. Es ist also noch viel zu tun, um wirklich zu brauchbaren absoluten Höhen zu kommen.

Folgender Vergleich ist wohl nicht uninteressant. Aus dem Yale-Parallaxenkatalog 1952 wurden für den Bereich von 0^h—6^h der Korrelationskoeffizient aus 119 Fällen abgeleitet, bei denen die Parallaxen von Allegheny und McKormic Observatory unter 0,"060 liegen. Er ergab sich nur zu + 0,32 ± 0,08, kann also gerade als verbürgt angesehen werden. Dabei sind die durchschnittlichen Werte der Parallaxen + 0,"018 und ihre Streuung ± 0,"018 für beide Sternwarten die gleichen. Wohl haben die größeren Parallaxen eine enge Koppelung. Wie bekannt, sind eben die kleinen höchstens statistisch zu verwerten, nicht aber im Einzelfalle, trotz der üblichen Art, wahrscheinliche Fehler von z. B. ± 0,"007 anzugeben. Auf die Mondhöhen angewandt, heißt das: Der Stereoeffekt ist im allgemeinen zu klein, kann erst durch Vergleich mehrerer und unabhängiger Beobachtungsreihen zu einem Erfolg führen. Es erscheint wünschenswert, mit einem völlig anderen Ansatz das gleiche zu erreichen.

Im Bericht über das dem Mond gewidmete 14. I.A.U.-Symposium beleuchtet der Beitrag von Th. Weimer sehr gut die derzeitige Lage. Er gibt die je drei Polarkoordinaten von neun Mondpunkten an sowie ihre mittleren Fehler. Interessanterweise ist im Durchschnitt der m.F. seiner Höhen ± 3,1 km, also sehr viel größer als bei Schrutka, bzw. es müssen seinerzeit die Lickplatten und ihre Vermessung durch Franz besonders gut ausgefallen sein.

Vielleicht sind aber die Messungen von Weimer doch besser, denn sechs seiner Punkte sind auch in Schrutkas Verzeichnis und ergeben nach Abzug einer unwichtigen Nullpunktdifferenz eine mittlere Differenz Weimer-Schrutka von ± 2,4 km bzw. einen m. F. ± 2,2 km von Weimer, wenn man für Schrutka ± 1,0 ansetzt.

II. Die Ermittlung relativer Höhen aus Schattenmessungen

Das Verfahren ist bekanntlich oft genug dargestellt worden, neuerdings z. B. von Kopal [24], Schrutka [6], früher von Graff [25]. Da in dieser Arbeit die in Wien in letzter Zeit angestellten Messungen an Schatten nicht behandelt werden, seien hier nur in Verbindung mit der Frage der absoluten Höhen einige kritische Bemerkungen gemacht.

1. Zunächst kann man die Lage eines Punktes auf dem Monde durch ein rechtwinkliges Koordinatensystem festlegen. Nullpunkt der Mittelpunkt des Mondkörpers, η-Achse nach Norden, identisch mit der Rotationsachse des Mondes. In der dazu senkrechten Äquatorebene ist bei optischer Libration Null die ζ-Achse zur Mitte der Erde gerichtet und die ξ-Achse senkrecht zu η und ζ nach Westen (von der Erde aus). Über die Maßstabeinheit, den mittleren Mondradius = 1738,0 km, ist schon oben gesprochen worden. Nur ξ und η ergeben sich aus Heliometer- oder Mikrometermessungen oder durch photographische Aufnahmen. Sie liegen (zum Teil mit hoher Genauigkeit) in den oben angeführten Katalogen vor. ζ dagegen ist nur über den Stereoeffekt oder auf dem in den weiteren Abschnitten dieser Arbeiten vorgeschlagenen Wege indirekt ableitbar.

2. Neben ξ, η, ζ müssen auch die Polarkoordinaten l_0, b_0 und Δ gebraucht werden. l_0 und b_0, die selenozentrischen Längen und Breiten zählen von der Mondmitte aus längs des Äquators positiv nach Westen bzw. zum Nordpol des Mondes. Δ ist die radiale Abweichung eines Punktes von der mittleren Mondkugel und erfahrungsgemäß $< 0{,}01$. Beide Koordinatensysteme hängen durch die nachstehende Formel (1) zusammen:

$$\xi = (1 + \Delta) \cos b_0 \sin l_0 \qquad \eta = (1 + \Delta) \sin b_0 \qquad (1)$$
$$\zeta = (1 + \Delta) \cos b_0 \cos l_0$$

3. In der älteren Literatur, auch noch in den Arbeiten von Franz wird Δ vernachlässigt und mit der Annahme, der Mond sei eine Kugel, l und b abgeleitet. Man könnte diese Werte als „scheinbare" bezeichnen, die von den wahren erheblich abweichen können. Jede Erhebung verlegt von der Erde aus gesehen die Stelle von der Mitte radial fort, vergrößert die Absolutbeträge von ξ und η.

Beispielsweise sei $\Delta = +0{,}005$, also ein Ort der 8,6 km über der mittleren Mondkugel liegt. Ferner sei $\xi = +0{,}10000$; $\eta = +0{,}90000$. Damit werden die wahren Werte in leichter Rechnung $l_0 = +12{,}^\circ92$, $b = +63{,}^\circ58$. Dagegen sind die scheinbaren $l = 13{,}^\circ26$ und $b = +64{,}^\circ16$, also ein Unterschied von $0{,}^\circ59$.

Analog sei für eine Stelle (etwa im Mare Crisium) $\Delta = -0{,}002$, $l_0 = +68{,}^\circ00$, $b_0 = +17{,}^\circ00$. Man erhält dann $\xi = +0{,}88489$; $\eta = +0{,}28178$, die sich in der später zu schildernden Art etwa aus dem mikrometrischen Anschluß dieser Stelle an einen der von Franz oder Saunder exakt vermessenen Punkte ergeben haben könnte. Aus diesen folgen die scheinbaren Werte $l = + 67{,}^\circ680$ und $b = + 16{,}^\circ965$. Diese Stelle, ein kleiner Berg, möge nun mit den wahren Werten l_0 und b_0 gerechnet an zwei verschiedenen Tagen eine Schattenlänge von 0,01000 etwa 10″ einmal nach Ost, einmal nach West haben, und beidemal sei die Höhe der Sonne genau 1°00. Dann ist beidemal die Höhe des Berges 0,0001745 Mondradien oder 304 m.

Mit den scheinbaren Werten l und b werden dann aber die Sonnenhöhen 1°310 bzw. 0°690, die relativen Höhen also 399 bzw. 209 m. Man würde also zu dem falschen Schluß kommen, daß in der Umgebung dieses kleinen Berges das Gelände auf einer Strecke von 35 km um 190 m ansteigt.

Mit Recht hat Kopal mehrfach [21, 24] darauf hingewiesen, daß eine Hauptfehlerquelle bei dem Schattenverfahren die Unsicherheit der Lage des jeweiligen Objekts ist. Selbstverständlich genügt es nicht, die ξ und η aus dem an sich sehr guten Atlas von Müller und Blagg zu entnehmen, etwa für einen kleinen Höhenzug, der im Atlas nur schematisch angedeutet ist. Es genügt aber auch nicht der zugehörige IAU-Katalog. Man muß vielmehr die schattenwerfende Stelle — sei es visuell-mikrometrisch, sei es photographisch — an genau vermessene Punkte von Franz oder Saunder anschließen und außerdem unbedingt zum mindesten überschlagweise die absolute Höhe des Geländes berücksichtigen.

4. Ob eine Bergspitze oder ähnliches Objekt außerhalb des Terminators schon (oder noch) von der Sonne beleuchtet wird, hängt ab a) von den drei Koordinaten des Punktes. b) Von den selenozentrischen Koordinaten der Sonne im Zeitpunkt der Beobachtungen. Diese sind in den astronomischen Ephemeriden in der Form von D, der selenozentrischen Breite der Sonne, die mit Jahresperiode zwischen $\pm$ 1°5 liegt, und der Colongitude der Sonne (mit der Periode des mittleren synodischen Monats) gegeben. C liegt zwischen — 90° und 0° in der Zeit von Neumond bis zum letzten Viertel, zwischen 0 und + 90° vom ersten Viertel bis Vollmond usw. c) Entscheidend ist die Geländeform in der engeren und weiteren Umgebung des jeweiligen Punktes. Ein hoher Berg (z. B. 5 km), der isoliert in einem Bereich steht, der genau der mittleren Mondkugel entspricht, wird bei zunehmendem Monde eher

aufleuchten als ein isolierter Hügel, der sich nur 0,5 km über einer Fläche erhebt, die selbst 4,5 km über dem normalen Niveau liegt, trotzdem beide die gleiche absolute Höhe haben.

Dagegen spielen für die Beleuchtungsfragen, auch für die Längen von Bergschatten auf der Mondoberfläche, die Mondparallaxe und die optische Libration gar keine Rolle. Wohl sind beide erforderlich zur Reduktion von Mikrometermessungen, die zur Bestimmung von ξ und η durch Anschluß an benachbarte Fixpunkte dienen. Weiteres hiezu in Kapitel 5.

Wiederholt wurde darauf hingewiesen, daß durch die landläufigen Mondbilder der Eindruck einer äußerst unruhigen Oberfläche entstanden ist, während sie auf weite Strecken in Wahrheit, auch außerhalb der Mare sehr eben ist. Daß dem so ist, wird sich in neuer Art auch unten ergeben. Wohl gibt es einen kleinen Prozentsatz sehr steiler Böschungen. In seinem großen Mondwerk führt J. Schmidt über 100 derartige Stellen auf, zum Teil mit Neigungen von über 45 Grad. Man findet solche auch ohne Schwierigkeit, d. h. deutliche Schatten von einer Bogensekunde Breite und darunter, also bei starker Vergrößerung visuell, die photographisch nicht mehr erfaßbar sind (wie Details auf dem Mars), und zwar auf Stellen von mehr als 30° Abstand vom Terminator, die also entsprechende Sonnenhöhen haben. Dies leitet zur Frage: Wieweit sind die klassischen Höhenangaben von Mädler und Schmidt heute noch vertretbar? Gewiß, beide Forscher hatten eine viel einfachere instrumentelle Ausrüstung, als es heute möglich ist. Ihre mangelnden Daten über selenographische Längen und Breiten, die Librationsgröße usw. wurden aber weitgehend durch den von Olbers vorgeschlagenen Anschluß an den Terminator ersetzt. Bezüglich systematischer Fehler ist zu sagen: Die Untersuchung von Schrutka [6] hat gezeigt, daß zumindest die Auswertungen einzelner Blätter des Pariser Photogr. Mondatlasses bei diesen zum Nachweis systematischer Fehler führt. (Die verdienstvollen Arbeiten von Kopal und seinen Mitarbeitern beziehen sich auf zu wenige Objekte, als daß Schlüsse gezogen werden können. So hat man z. B. für den Höhenzug des Piton von 28 km Länge — wegen der Form des Schattens bei tiefstehender Sonne irrigerweise als „Matterhorn des Mondes“ bezeichnet — folgende Höhenangaben: 2,3 km nach den mikrophotogr. Registrierungen von Fiedler, 2,6 km photogr. nach Schrutka, während Schmidt 2,5 km und Hopmann 2,1 km nach Mikrometermessungen angeben, d. h. Schmidt ist voll bestätigt.)

Aus Anlaß der Arbeit von Schrutka hat der Verfasser für eine große Zahl Objekte die Schattenlängen mikrometrisch am Großen Refraktor der Wiener Sternwarte gemessen. Schrutka hat daraus die Höhen abgeleitet. Ein Vergleich von 49 meiner Höhen mit denen von Schmidt und des Pariser Atlasses führte zu folgendem Ergebnis: Der Maßstab der Höhen ist in allen drei Reihen der gleiche, nur sind die photographisch ermittelten Werte systematisch um 0,57 km größer als bei den Wiener visuellen Messungen, während die Differenz Schmidt-Wien nur + 0,13 km beträgt. Offenbar spielen bei den Pariser Mondblättern die photographischen Effekte eine störende Rolle. Die innere Genauigkeit der drei Reihen ist — soweit das geringe Material den Schluß zuläßt — etwa die gleiche, d. h. der mittlere Fehler einer Höhe beträgt bei Schmidt ± 0,25 km, bei Paris ± 0,22 km und bei Hopmann ± 0,17 km.

Jedenfalls erwiesen sich die alten Messungen von Schmidt durchaus als brauchbar in dem Sinne, daß sie für allgemeine morphologische Überlegungen genügen. Wohl ist noch viele Einzelarbeit an selenologisch interessanten Stellen nötig, mit dem Mikrometer oder photographisch, wofür wir bereits gute Beispiele durch McMath [26], van Diggelen [27] und der Gruppe in Manchester [28] haben.

Die Wiener Höhenmessungen wurden schließlich mit den beiden AMS-Karten verglichen. Sehr wenig befriedigend ergab sich das Verhältnis der relativen Höhen aus 67 Stellen der ersten AMS-Karte zu den Wienern. Die durchschnittlichen Höhen bzw. ihre Streuungen sind bei AMS I + 2,69 km und ± 1,36 km für Wien + 2,02 km und ± 1,04 km. D. h. die Höhen sind nach AMS I und rund ein Drittel größer als in Wien. Dabei beträgt der lineare Korrelationskoeffizient nur + 0,45 ± 0,10 mittleren Fehler. Nach Lage der Dinge ein Zeichen dafür, daß die AMS-I-Höhen im einzelnen wenig zuverlässig sind. Anders liegt es bei AMS II. Hier konnten 69 Stellen (gutteils andere als bei AMS I) mit Wien verglichen werden. Die durchschnittlichen Höhen bzw. ihre Streuungen sind jetzt für AMS II + 1,65 km bzw. ± 1,06 km und für Wien + 2,02 km bzw. ± 1,21 km. D. h. die AMS-II-Höhen sind etwa um ein Fünftel **kleiner** als in Wien. Dies erklärt sich gutteils dadurch, daß in Wien stets die Schatten der eigentlichen Bergspitzen (z. B. Kaukasus) gemessen wurden, während die Isohypsen der AMS-II-Karte den mittleren Kammverlauf geben. Berücksichtigt man dies, so ist der Höhenmaßstab in beiden Fällen praktisch gleich. Der Korrelationskoeffizient zwischen AMS II und Wien ist mit $0{,}72 \pm 0{,}06$ befriedigend hoch.

III. Vermessung der wahren Lichtgrenze, der Vorschlag von H. Ritter

H. Ritter, dessen Arbeit wir uns nun zuwenden, hat bei 140facher Vergrößerung mit einem 6-Zöller an einer großen Zahl Abende die örtliche wahre Lichtgrenze (künftig mit L. G. oder G bezeichnet) in die Mondkarte von W. Goodacre eingetragen, wobei nur gelegentlich Mikrometermessungen gemacht wurden. Da die Karte auf den Koordinaten zahlreicher von Saunder vermessener Punkte beruht, schien es so in einfachster Form möglich, für viele Stellen der momentanen wahren L. G. die ξ und η zu ermitteln. Dabei wurden von ihm möglichst „ebene" Stellen ausgewählt. Die nachstehende Abb. 1 soll in vereinfachter Form die Grundidee Ritters veranschaulichen. In ihr ist mit den ξ- und ζ-Achsen ein Quadrant des Mondäquators dargestellt. Mondmitte bei M (genauer müßte es heißen: Äquator des Terminators, doch ist dies bei der Kleinheit von D, der selenozentrischen Breite der Sonne, hier vorab unwesentlich). Der Radius des inneren Kreises $M\,T_0$ entspricht dem mittleren Mondradius, C ist die Colongitude der Sonne zur Beobachtungszeit. Es ist dann $\xi_T = M\,T'_0 = \sin C$ durch Rechnung bekannt. Die Sonne steht links und T_0 ist der Tangentialpunkt der Sonnenstrahlen an der Normalkugel. Über dieser liegt im Abstande Δ die wahre Oberfläche, für die ein (unter Umständen sehr kurzes) Stück als Kugel mit M als Mittelpunkt angesetzt werden kann. Es ist nun T die wahre L. G. mit dem beobachtenden $\xi = M\,T'$. Aus der Abb. 1 ist sofort ersichtlich, daß die absolute Höhe von T sich durch

$$\Delta = \frac{\xi - \xi_T}{\xi_T} \tag{2}$$

ergibt. Weiter gilt für den Fall, daß die L. G. an beliebiger Stelle mit den Koordinaten ξ und η ermittelt wurde,

$$\Delta = \frac{\xi - \xi_T}{\xi_T}(1 - \eta^2). \tag{3}$$

In dieser — instrumentell wie rechentechnisch sehr einfachen — Art war es Ritter möglich, eine schon recht detailreiche Höhenschichtenkarte von 16 cm Durchmessern zu veröffentlichen. Wie ist sie zu kennzeichnen und zu bewerten? Die Isohypsen gehen von 0,0004 Einheiten oder von 0,7 zu 0,7 km. Extremwerte sind — 14 und + 17 km, also

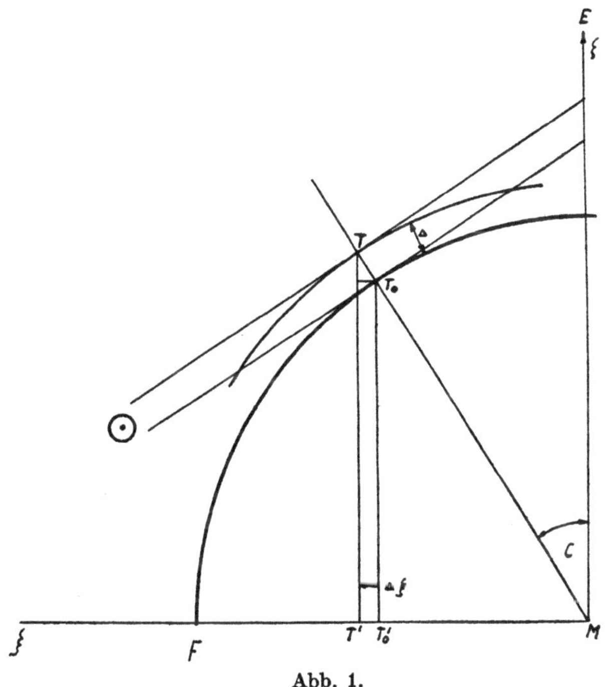

Abb. 1.

stark von den gewohnten bisherigen Vorstellungen abweichend. Nun zeigt die Tab. 1 (S. 112) einerseits, daß die Streuung der Ritterschen Höhen mehr als das Doppelte der anderen beträgt, andererseits sind nach Maßgabe der Korrelationskoeffizienten die Ritterschen Werte ähnlich eng mit den anderen verbunden wie diese untereinander. D. h. der Ansatz Ritter erscheint im Prinzip brauchbar, nur müßte das Beobachtungsverfahren verfeinert und vor allem auch den Ursachen des so falschen Maßstabes nachgegangen werden. Auf eine Ursache des Maßstabfehlers wurde schon früher hingewiesen [18]. Es muß zur Berechnung von ξ_T, d. h. der theoretischen Lage der L. G. nicht die Mitte der Sonnenscheibe, sondern ein Segment nahe dem oberen Rande in die Rechnung eingeführt werden. Hiezu folgende Überlegungen.

Zunächst betrachten wir ein „ebenes" Gelände, d. h. eine glatte Kugeloberfläche. Bei genügender Vergrößerung (über 100fach) erscheint die L. G. bekanntlich unscharf. Es sei A die Stelle, an der genau die Mitte der Sonne über dem Horizont steht. Dann liegt die Stelle, an der ihr oberer Rand erscheint 16′ ab, d. h. auf dem Monde selbst in der Mitte der Mondscheibe von der Erde aus gesehen 4ʺ4. Wegen ihrer Lichtschwäche wird man die äußerste Grenze nicht erfassen, nur eine Stelle dazwischen. Die nachstehende Tab. 2 gibt in Prozenten der Gesamtsonnenscheibe die Fläche des Segments, das um p' über dem Horizont steht. Darunter ist das Helligkeitsverhältnis „Segment zu voller Sonnenscheibe" (ohne Rücksicht auf die Randverdunklung) in Größenklassen gegeben.

Tabelle 2

p	16	8	6	5	4	3	2	1
f	1:2	1:5	1:7	1:10	1:14	1:21	1:38	1:107
Δm	0,8	1,8	2,3	2,5	2,8	3,2	4,0	6,1

Die Helligkeitsabnahme erfolgt stetig, ohne daß der zweite Differentialquotient ein ausgeprägtes Extrem hat, also die Seeliger-Kühlsche Kontrasttheorie etwa wie bei dem scheinbaren Radius des Erdschattens bei Mondfinsternissen, hier nicht verwendbar ist. Aber wie ähnlich ohne Hilfsmittel (Rauchgläser, Nebel u. dgl.) eine Sonnenfinsternis erst auffällt, wenn 80% bedeckt sind, so wird es hier zweckmäßig sein, die Segmentgrenze etwa anzusetzen, wo der Lichtstrom der Sonne ähnlich abgeschwächt ist, d. h. etwa bei einer Segmenthöhe von halbem Sonnenradius gleich 0°,12. Dann ist der absolute Wert der Colongitude der Sonne für Punkte der selenodätischen Breite b um 0°,12 sec b zu verkleinern. Da die Rotationsachse des Mondes nahezu senkrecht zur Erdbahn steht, geht mit zunehmender selenozentrischer Breite die Sonne langsamer auf (bzw. unter), eben mit sec b. Dies gibt aber eine Veränderung der ξ um 0,002 bzw. nahezu 2ʺ oder im Durchschnitt von 3,5 km der Höhe und damit einen Hinweis, wie der Maßstabfehler entstanden sein kann. Ritter hat nämlich die Osthälfte des Mondes nur bei zunehmender Phase des Mondes beobachtet, ebenso überwiegend die Westhälfte. Dann mußte sich der besprochene Effekt einseitig auswirken.

Die große Streuung der Ritterschen Höhen gegenüber den amerikanischen Werten und denen von Schrutka liegt aber an seiner unzureichenden Beobachtungsgenauigkeit, vorläufig noch nicht am Prinzip des Verfahrens. Er selbst gibt den mittleren Fehler einer Festlegung von ξ zu $\pm$ 0,002 an, etwa 2″. Das bewirkt aber am Äquator und für einen Durchschnitt von $\xi = 0{,}5$ einen mittleren Fehler der Δ von $\pm$ 0,004, das Zehnfache der Einheiten seiner Höhenschichtenkarte oder $\pm$ 7 km.

Es muß also die Meßgenauigkeit auf 0″,5 und darunter angestrebt werden. Das bedeutet eine Vermehrung der Arbeit am Fernrohr (keine Karteneintragung, sondern ausschließlich Mikrometermessungen) oder das Ausmessen photographischer Platten großen Maßstabs (s. u.) und ebenso eine starke Vermehrung der Rechenarbeit. Man wird nur ein Netz passender Punkte auf dem Monde zur Höhenmessung anstreben, um so eine völlig unabhängige Kontrolle der anderen Höhenschichtenkarten zu ermöglichen.

Nun haben in einer kurzen, aber sehr wichtigen Notiz Jakowkin und Belkowitsch [29] gezeigt, daß in dieser Form der Ansatz von Ritter prinzipiell unbrauchbar ist (s. hiezu auch meine Ausführungen in [18]). Es spielt für die Lage der L. G. der Geländewinkel i eine ausschlaggebende Rolle, d. h. der Winkel zwischen der Verbindungslinie zur Mondmitte und der Normalen des örtlichen Geländes. Man beobachtet zuweilen ein rasches Fortschreiten oder auch Stehenbleiben der L. G., eben als Folge kleiner Neigungsänderungen, ohne daß dabei eine eigentliche Geländewelle eine Rolle spielt. Ritter selbst erwähnt einen solchen Fall. Nach Belkowitsch und Jakowkin lautet die richtige Formel:

$$\Delta = \frac{(\xi - \xi_T)\cos b}{\sin (C - i)} + \frac{\cos b^2}{\sin (C - i)} (\sin C - \sin [C - i]) \qquad (4)$$

H. Ritter hatte in seiner Arbeit neben der Höhenschichtenkarte auch eine Karte gegeben, in der in 19 äquidistanten Schritten parallel zum Äquator die Δ-Werte in Form von Profilen gegeben werden. In engen Schritten, wobei besonders markante Stellen beachtet wurden, hat Herr

Dr. Jackson auf meinen Wunsch insgesamt 439 Profilpunkte der Ritterschen Darstellung nebst den zugehörigen ξ- und η-Koordinaten entnommen. Mit der ursprünglichen Ritterschen Formel konnte ich dann die $\xi - \xi_T$, d. h. Ritters eigentliche Beobachtungsdaten rekonstruieren.

Ritter hatte — als das eine Extrem — den Einfluß des Geländewinkels nicht beachtet und erhielt so im Durchschnitt erheblich zu große Δ-Werte. Nimmt man als das andere Extrem stets $\Delta = 0$ an, dann erhält man mit Formel (3) die im Durchschnitt wieder zu starke Geländeneigung. Das Ergebnis der (wegen der Gleichförmigkeit etwas langweiligen) Rechnung der 439 Fälle war immerhin überraschend. Zwar hatte sich Ritter bemüht, die L. G. möglichst nur an „flachen Stellen" einzumessen. Daß aber die Streuung der i-Werte nur $\pm 0{,}^\circ 25$ beträgt, war kaum zu erwarten. Auf der gebirgigen Südhälfte $\pm 0{,}^\circ 31$, im Norden mit den großen Mare $\pm 0{,}^\circ 21$. Nur in elf Fällen war $i > 1{,}^\circ 0$, in zwei Fällen $- 1{,}^\circ 6$ und $+ 1{,}^\circ 8$. Dabei entspricht die Häufigkeitsverteilung der i schlecht der Gaußschen. Die kleinsten Werte überwiegen so, daß für i zwischen $- 0{,}^\circ 15$ und $+ 0{,}^\circ 15$ 291 der 439 Fälle liegen und 158 zwischen $- 0{,}^\circ 05$ und $+ 0{,}^\circ 05$, was einer Neigung unter 1 : 1000 entspricht, auf 100 km nur ein Höhenunterschied von 100 m. Im ganzen ist also die Mondoberfläche ganz außerordentlich flach, die normale Krümmung der Kugel, fast viermal stärker als bei der Erde, verhindert größere Fernsicht.

Der starke Einfluß auch geringen Gefälles (Annahme 1 : 228 oder $i = 0{,}^\circ 25$) sei an folgenden Zahlen nochmals gezeigt. Es sei:

$$\xi = + 0{,}50500; \; \xi_T = + 0{,}50000; \; \eta = 0.$$

Dann wird nach Ritter (d. h. $i = 0$) $\Delta = + 17{,}4$ km; nach Jakowkin $\Delta = + 4{,}8$ km. Ändert sich ξ um rund 1″ in $+ 0{,}50400$, so wird mit $i = 0{,}^\circ 25$ dann $\Delta = + 1{,}3$ km, womit die Notwendigkeit auf $0{,}''3$ zu messen erneut gezeigt ist. Immerhin ist die Genauigkeit von $0{,}''05$ wie beim Benutzen des Stereoeffekts nicht erforderlich.

IV. Absolute Höhen aus Messungen der Lichtgrenze und einer Spitze außerhalb davon

Nach den Ausführungen des letzten Abschnittes kommt es also darauf an, für die L. G. nicht nur ξ und η möglichst genau festzulegen, sondern noch irgendwie die Geländeneigung i. Wie dies geschehen kann, ist im Prinzip in diesem Abschnitt dargelegt und unter weitgehenden Vereinfachungen. Die erheblich umständlichere Methode des allgemeinen Falles bringt der nächste Abschnitt.

Zu Beginn der Messungen sei nach der Justierung des Positionsmikrometers dieses so eingestellt, daß es wie bei einer relativen Höhenmessung nach der Schattenmethode parallel bzw. senkrecht zum Positionswinkel des Terminators steht. Dieser ist von Tag zu Tag in der „Ephemeride für physische Beobachtungen des Mondes" im Nautical Almanac gegeben. Da bei den Mikrometermessungen Distanzen bis zu 120″ vorkommen können, dürfte es nicht von Vorteil sein, eine wesentlich über 200 hinausgehende Vergrößerung zu benutzen. Anderseits soll aber auch nicht unter 150 heruntergegangen werden. Es handelt sich also um Aufgaben besonders für mittlere und kleinere Refraktoren. Bei der Lichtfülle des Mondes stören auch nicht Straßenbeleuchtung oder Dunst einer großen Stadt. Wegen der außerhalb der Mondscheibe zu messenden schwachen Spitzen kann Feld- oder Fadenbeleuchtung am Mikrometer erforderlich werden. Anderseits ist um Vollmond herum das Abblenden seiner Lichtfülle zur Schonung des Auges durch Objektivblenden, passende Farb- bzw. Graufilter, Polaroidfolien und dergleichen erwünscht. Dringend erforderlich ist weiter der IAU-Mondatlas von Müller und Blagg nebst dem zugehörigen Katalog.

Man sucht nun in der Nähe, aber etwas außerhalb des Terminators, bei zunehmendem Mond eine (beliebige) Stelle, auf eine feine Spitze, die durch ihre Lichtschwäche zeigt, daß der obere Rand der Sonne gerade über dem westlichen Gelände aufgeht und die fragliche Stelle zu beleuchten beginnt. Der Zeitpunkt dieser Wahrnehmung läßt sich leicht auf etwa drei Minuten (Weltzeit) genau festhalten. Schon nach etwa zehn Minuten hat diese Stelle, immer noch sternförmig, um zwei bis drei Größenklassen an Helligkeit zugenommen. Durch Feinbewegung in Deklination bringt man die Stelle (große oder kleine Bergspitze, eine der Perlen, aus denen zunächst ein Kraterwall zu bestehen scheint) auf den festen „horizontalen" Faden des Positionsmikrometers und merkt sich dann genau, welche Stelle der Lichtgrenze im Positionswinkel senkrecht zum Terminator liegt. Dies kann eine flache Partie sein oder auch eine kleine Geländewelle oder auch ein Kraterwall. Genau wie bei Doppelsternmessungen wird nun der Abstand „feine Spitze" (später mit

F. S. oder S bezeichnet) — Lichtgrenze (G) mit mehrfachen Einstellungen in der üblichen Art bestimmt. Zeitangaben auf 1^m genau. Nun sucht man sich an Hand des IAU-Atlasses und Kataloges einen günstigen Anschlußpunkt, von dem nach Ausweis der Spalten *Sa* und *Fr* Präzisionskoordinaten vorliegen, möglichst kleine Krater unter 10″ Durchmesser. Dieser Anschlußpunkt und die vorher gerade erschienene Spitze werden mit dem Mikrometer nach Positionswinkel und Distanz genau so wie weite Doppelsterne gemessen und natürlich die Zeit notiert. Das Identifizieren des Anschlußpunktes nimmt mitunter, besonders nahe dem Rande und bei starker Libration, mehr Zeit in Anspruch, als die Messungen selbst. Bei abnehmendem Monde wird zunächst eine mäßig helle Spitze außerhalb der LG aufgesucht, dann werden die beiden Messungen durchgeführt (zuerst S-G- dann S-Anschluß) und später vermerkt, in welchem Zeitpunkt die Spitze verschwindet. Man bekommt bald Übung im Abschätzen, ob eine Stelle schon wirklich kurz vor dem Verschwinden ist und damit für diese Messungen geeignet ist.

Nun zu dem neuen Ansatz, wobei zur Vereinfachung zunächst angenommen wird:

a) daß die beiden eingemessenen Stellen auf dem Mondäquator liegen, b) die Sonne punktförmig, c) ihre selenozentrische Breite 0 sei. Dann ist in Abb. 2 M der Mittelpunkt des Mondes, $M\,E$ die Richtung zur Erde, zugleich die ζ-Achse, $M\,F$ die ξ-Achse, der Kreis mit dem Radius $M\,F = 1$ um M stellt den mittleren Mondäquator dar, O die zur Sonne. Ihr Licht hat die Grenze G vor einiger Zeit schon erreicht. Mit wachsender Phase (Pfeilrichtung) leuchtet dann die Spitze S auf. Diesem Zeitpunkt entspricht die Colongitude C gleich $C\,M\,T$, wobei $M\,T$ senkrecht zu $G\,S$ steht. Die Projektionen von G, S und T auf die ξ-Achse seien G' S' T'. Es ist $\xi_G = M\,G'$ und $\xi_T = M\,T'$. Hier, im vereinfachten Falle, ist auch $l_T = C$ die selenozentrische Länge von T. ξ_S und ξ_G sind durch die Mikrometermessungen und ihre Reduktion bekannt, $\xi_T = \sin l_T$. Um die absolute Höhe $\Delta = G\,G_0$ nach (3) berechnen zu können, muß noch der kleine Winkel i bzw. das Komplement zu $S\,G\,M$ bekannt sein. Nun sind auf Grund der Arbeiten von Schrutka und den Amerikanern die Abweichungen unseres Mondes von der Kugelgestalt stets kleiner als 1/100 des Radius, ja Erhebungen über 1/200 (8,5 km) sind äußerst selten. Dann wird der Winkel bei G_1

mit genügender Nährung gleich dem bei G sein. Das Dreieck $G_1\,M\,S_1$ läßt sich aber wie folgt berechnen: Zunächst ist $T\,T' = \zeta_T = \cos l_T$, dann mit

$$\xi_{G1} = \zeta_T - (\xi_s - \xi_T)\,\mathrm{tg}\,C \quad (4) \quad \text{wird} \quad \mathrm{tg}\,l_{G1} = \zeta_{G1}/\xi_{G1} \qquad (5)$$

$$\text{und} \quad r_{G1} = \xi_{G1} \sec l_{G1}. \qquad (6)$$

In analoger Weise wird $r_{s_1} = M\,S_1$ berechnet. Schließlich ist

$$GS = (\xi_G - \xi_S) \sec C \approx G_1\,S_1. \qquad (7)$$

Da im Dreieck $G_1\,S\,M_1$ die drei Seiten bekannt sind, kann nun der Winkel bei G_1 am einfachsten mit dem Cosinussatz berechnet werden, d. h. der Winkel i für die fundamentale Formel (3). Und damit schließ-

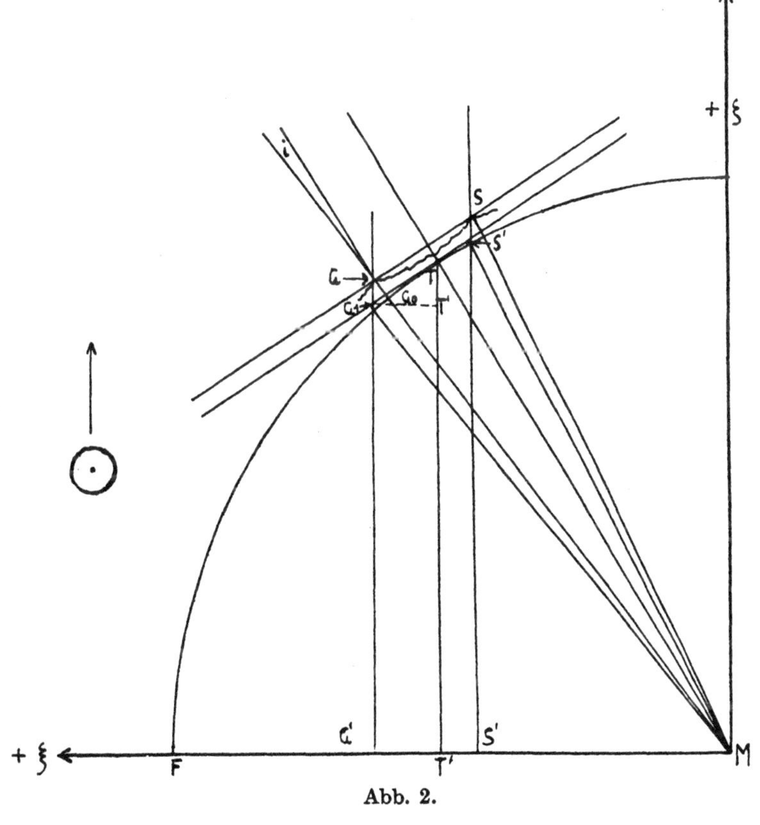

Abb. 2.

lich die gewünschte absolute Höhe Δ von G bzw. $r_G = M\,G = 1 + \Delta$. In dem Dreieck $G\,M\,S$ sind jetzt die Seiten r_G und $G\,S$ sowie der Winkel bei G bekannt, damit berechnet man weiter mit dem Sinussatz $r_S = S\,M$ und die wahren selenozentrischen Längen beider Punkte mit

$$\sin l_G = \xi_G / r_G \text{ und } \sin l_S = \zeta_S / r_S. \tag{8}$$

Der Hinweis ist vielleicht nicht ganz überflüssig, daß, so wie das Vermessen der Lichtgrenze allein nicht zu absoluten Höhen führen kann, auch nicht das Festlegen aufleuchtender oder verschwindender Spitzen allein. Wohl kann man so zu guten relativen Höhen kommen in bezug auf eine nicht näher festgelegte Umgebung, doch dürften diese nur dann von Interesse sein, wenn es sich um anderweitig beachtenswerte Objekte handelt.

Noch einige Ausführungen zur erforderlichen Meßgenauigkeit. Nach den Angaben von Saunders ([11], S. 80) kann der mittlere Fehler eines Wertes für seine Messungen zu etwa $\pm$ 0″,20 bzw. $\pm$ 0,00020 des Mondradius angesetzt werden. Die beim obigen Verfahren nötigen Mikrometermessungen dürften etwa die gleiche Genauigkeit haben, so daß die in die Höhenberechnungen eingehenden ξ und η etwa $\pm$ 0,00030 Einheiten Genauigkeit haben.

Es wurden nun für $C = +\ 30^\circ$ und $+\ 80^\circ$ eine Reihe fingierter Beobachtungen durchgerechnet, um gewissermaßen experimentell zu erfahren, wieweit sich Änderungen in C, ξ_G und ξ_S auf das Ergebnis auswirken. Es zeigte sich:

1. Einfache geometrische Überlegungen, wie die Formeln von Ritter und von Jakowkin zeigen, daß für kleine Werte von ξ bzw. C das Rittersche wie das hier vorgeschlagene Verfahren zu sehr unsicheren Werten führen müssen, also für Stellen nahe der Mondmitte. Man vermißt in Ritters Arbeit einen entsprechenden Hinweis bzw. eine Angabe, wie er die Höhen bei kleinen ξ-Werten wirklich ermittelt hat. Wohl wird das Verfahren um so genauer, je näher man dem Mondrande kommt.

2. Je näher zum Rande, um so stärker ist eine fehlerhafte Annahme der absoluten Höhen auf die aus den ξ und η zu errechnenden wahren selenozentrischen Längen und Breiten. Diese ergeben sich aber direkt bei den neuen Verfahren. Sie sind unbedingt erforderlich, will man (in einer wohl nahen Zukunft) von kosmischen Laboratorien aus gewonnene

Aufnahmen von Teilen der Rückseite des Mondes an bekannte Objekte der Vorderseite anschließen.

3. Die Rechnungen müssen — besonders auch im allgemeinen Fall — mit voller Ausnutzung der fünfstelligen Tafeln, d. h. auf 0°,01 und darunter, durchgeführt werden. Vierstellige Rechnung ist zuwenig, sechsstellige nach Maßgabe der Meßgenauigkeit zuviel.

4. Aus dem Ansatz von Ritter ergibt sich sofort, daß z. B. für $\xi = 0{,}5$ und $\eta = 0$, also bei durchschnittlichen Verhältnissen ein Meßfehler in ξ von $\pm 1''$ einen Höhenfehler von $\pm$ 0,002 Mondradien gleich $\pm$ 3,5 km verursacht. Es wird also im Vergleich zur Genauigkeit der über den Stereoeffekt gewonnenen Höhen (die allerdings 0″,05 Genauigkeit verlangen) beim Lichtgrenzenverfahren eine Meßgenauigkeit von $\pm$ 0″,3 nötig, aber nach den oben erwähnten Versuchsrechnungen auch ausreichend sein. Genaueres wird sich erst sagen lassen, wenn man nach und nach entsprechendes Beobachtungsmaterial angesammelt und ausgewertet hat.

5. Bei den Versuchsrechnungen wurde auch die Phase, d. h. der Winkel C um 0°,10 geändert, was einer Änderung von 12^m der Beobachtungszeit entspricht oder von 1″,7 in der Lage der theoretischen Lichtgrenze in der Mitte der Mondscheibe. Die errechneten Höhen würden dann stärker falsch werden, als die Unsicherheit der Mikrometermessungen ausmachen würde. Es muß also der Zeitpunkt des Aufleuchtens bzw. des Verschwindens und vor allem der Messung des Abstandes „F. S. — L. G." auf 1^m bis 2^m erfaßt werden.

V. Der neue Ansatz im allgemeinen Fall und in der praktischen Durchführung

A. Vorbemerkungen

Nach den oben gemachten Ausführungen ist es nötig, das jeweils zu untersuchende Objekt mit einem Positionsmikrometer und entsprechender Vergrößerung so an einen bereits gut vermessenen Punkt des Mondes anzuschließen, daß die Koordinatendifferenzen möglichst auf 0″,3 und darunter gesichert sind, womit dann ξ und η des neuen Punktes bekannt sind. Über die Reduktion dieser Messungen siehe unten. Anschlußpunkte dürfen nur solche sein, die in den Originalkatalogen von Franz oder Saunder fünfstellige Koordinaten haben. Die dreistelligen des Kataloges von Müller und Blagg sind nicht genau genug. Das Verzeichnis ist aber zusammen mit der Karte am Fernrohr zur Wahl der Anschlußpunkte ganz unentbehrlich. Der Saundersche Katalog enthält 2800 Objekte. Da die Mondoberfläche rund 800 Quadratbogenminuten hat, werden die zu messenden Distanzen nur selten über eine Bogenminute hinausgehen. Es empfiehlt sich ferner, möglichst kleine Krater zu wählen, so z. B. ist Thebit A besser als Manilius. Wenn die Distanzen ihrer Größe nach es zulassen, sollte man möglichst nur die 150 Stellen der Schrutkaschen Arbeit benutzen. In seiner Arbeit gibt Schrutka auch die Differenzen der Saunderschen Koordinaten gegenüber seiner Neubearbeitung und schildert kurz deren allgemeines Verhalten. Bildet man Normalorte durch Zusammenfassen der in gleichmäßig über die Mondscheibe verteilten Feldern liegenden Einzelpunkte, so erhält man die Tab. 3. In ihr ist *r* die Zahl der ermit-

Tabelle 3

Flfd.	p	$\bar{\xi}$	$\bar{\eta}$	$\overline{\Delta\xi}$	$\overline{\Delta\eta}$
1	2	+ 0,55	+ 0.60	+ 10^{V}	+ 14^{V}
2	6	+ 0,25	+ 0,70	− 12	+ 14
3	8	− 0,40	+ 0,65	− 28	+ 25
4	—	—	—	—	—
5	9	+ 0,65	+ 0,25	+ 15	+ 5
6	21	+ 0,30	+ 0,25	+ 5	− 17
7	9	− 0,25	+ 0,25	− 15	− 20
8	9	− 0,70	+ 0,15	− 35	− 23
9	7	+ 0,65	− 0,15	+ 26	− 20
10	24	+ 0,25	− 0,25	+ 17	− 36
11	20	− 0,20	− 0,20	− 19	− 32
12	9	− 0,70	− 0,25	− 27	− 63
13	—	—	—	—	—
14	3	+ 0,25	− 0,70	+ 26	− 27
15	4	− 0,20	− 0,70	+ 7	− 5
16	2	− 0,55	− 0,60	− 41	− 86

telten Einzelwerte, $\bar{\xi}$ und $\bar{\eta}$ die genäherten Koordinaten für die Mitte der einzelnen Felder, $\Delta\,\xi$ und $\Delta\,\eta$ die durchschnittliche Abweichung, „Saunder-Schrutka“ in Einheiten von 10^{-5} Mondradien. Ersichtlich

— und infolge der Neubearbeitung naheliegenderweise — liegen systematische Differenzen in den Nullpunkten, dem Maßstab und der Orientierung vor. Ausgleichung mit Gewichten, entsprechend p, führte zu den Beziehungen:

$$\xi_{Sch} - \xi_{Sa} = + 4 - 44 \cdot \xi + 18 \cdot \eta$$
$$\pm 2 \pm 5 \quad \pm 5$$
$$\eta_{Sch} - \eta_{Sa} = + 23 - 14 \cdot \xi - 47 \cdot \eta$$
$$\pm 2 \pm 10 \quad \pm 10$$

Einheit 10^{-5} Mondradien, etwa 0,″01. Mittlere Differenz nach der Ausgleichung einer Koordinate ± 22 bzw. ± 46 im Durchschnitt ± 34 entsprechend: ± 0,″34.

Eigenartigerweise ist die Darstellung in ξ viel besser als in η. Die mittlere Differenz für einen Punkt wird dann im Durchschnitt $\pm 34 \cdot 10^{-5}$, d. h. nahezu ± 0″,34. Hiervon dürfte der größte Anteil auf Saunder entfallen, verursacht durch seine weniger einheitlich durchgeführten Reduktionen. Ein von Herrn Schrutka vorgenommener Vergleich seiner neuen Koordinaten mit den alten von Franz zeigte in der Hauptsache die gleichen systematischen Unterschiede, ein Beweis, daß Saunder korrekt an Franz angeschlossen hat.

Man wird künftig gut tun — so auch in dieser Arbeit—, alle Saunder- und Franz-Koordinaten mit der oben abgeleiteten Beziehung auf das Schrutkasche System umzurechnen".

Dieses definiert in der Art, wie es Schrutka abgeleitet hat und in der Gesamtheit seiner Werte den „mittleren Mondradius".

B. Reduktion der Mikrometermessungen

Bei dem vorgeschlagenen Verfahren müssen mit dem Positionsmikrometer Anschlüsse der gewählten Stellen an Orte von Franz oder Saunder gemacht werden, um die erwünschten ξ und η zu gewinnen. Wie immer bei dem uns so nahen Mond, wird leider die Reduktion etwas umständlich. In Anlehnung und Modernisierung älterer Darstellungen, insbesondere die von Graff [25], wird dazu folgendes vorgeschlagen:

1. Den Ephemeriden wird für die Beobachtungszeit oder bei längeren Beobachtungssätzen von Stunde zu Stunde Weltzeit entnommen: $\alpha_{☾}$, $\delta_{☾}$, π (Parallaxe), s (geozentrischer Radius des Mondes), L_0 und B_0

die geozentrische optische Libration, N_0 der Positionswinkel des Nordpols des Mondes, T der des Äquators. Mit dem Stundenwinkel t und $\delta_☾$ wird in bekannter Weise am besten mit Hilfstafeln oder Nomogrammen die Zenitdistanz z auf etwa 0°,3 genau berechnet. Dann sind

$$s' = s\,(1 + \sin\pi\,.\,\cos z) \text{ und } \pi' = \pi\,(1 + \sin\pi\,.\,\cos z) \tag{9}$$

der topozentrische Mondradius und die Parallaxe. Mit diesem Radius als Einheit sind alle in Bogensekunden gemessenen Distanzen in Einheiten von $r_☾$ umzurechnen.

2. Die Werte von L_0, B_0 und N_0 sind nach den Vorschlägen von Atkinson [30] von geozentrischen in topozentrische umzurechnen, und zwar wie folgt:

Aus (z. B. für Wien vorhandenen Hilfstafeln) oder mit der Formel

$$\sin Q = \sin t \cos\varphi \operatorname{cosec} z \tag{11}$$

ist der parallaktische Winkel des Mondes Q zu ermitteln (φ die geograph. Breite). Es genügt hierfür der Rechenschieber, ebenso für die nächsten Formeln.

Dann ist

$$\begin{array}{ll|l} \Delta L & = -\pi' \sin(Q - N_0) \sec b & L = L_0 + \Delta L \\ \Delta B & = +\pi' \cos(Q - N_0) & B = B_0 + \Delta B \\ \Delta N & = -\sin B_0 \cdot \Delta L - \pi' \sin Q \operatorname{tg} \delta_☾ & N = N_0 + \Delta N \end{array} \tag{12}$$

3. ϑ und ρ seien Positionswinkel und Distanz im normalen äquatorialen System der an einen Saunder- oder Franzpunkt angeschlossenen Spitze. Dann sind die Koordinatendifferenzen im ξ, η-System

$$x = -\rho \sin(\vartheta - N);\ \ y = +\rho\cos(\vartheta - N). \tag{13}$$

In völlig gleicher Weise erhält man die Differenzen Spitze — L. G.

4. Die ξ, η des Anschlußpunktes geben mit Formel (1) l_0 und b_0. Durch

$$\begin{array}{c} (\xi_0) = \cos(b_0 - B)\sin(l_0 - L);\ (\eta_0) = \sin(b_0 - B); \\ (\zeta_0) = \cos(b_0 - B)\sin(l_0 - L) \end{array} \tag{14}$$

wird die optische Libration berücksichtigt. Ferner ist für die Korrektion auf endliche Entfernung

$$\Delta x = (\xi_0)\,.\,(\zeta_0)\sin s';\ \ \Delta y = (\eta_0)\,.\,(\zeta_0)\sin s'. \tag{15}$$

Die entsprechenden Koordinaten des Neupunktes sind dann

$$\xi' = (\xi_0) + x + \Delta x; \; \eta' = (\eta_0) + y + \Delta y; \; \zeta' = \sqrt{1 - \xi'^2 - \eta'^2} \quad (16)$$

Nunmehr muß wieder auf unendliche Entfernung reduziert werden

$$\begin{aligned} \xi' - \xi' \, . \, \zeta' \sin s' &= \cos (b_S - B) \sin (l_S - L); \\ \eta' - \eta' \, \zeta' \sin s' &= \sin (b_S - L), \end{aligned} \quad (17)$$

woraus die librationsfreien Werte l_S und b_S erhalten werden. Schließlich sind

$$\xi_S = \cos b_S \sin l_S; \; \eta_S = \sin b_S, \quad (18)$$

die für das eigentliche Verfahren der Höhenbestimmung nötigen Ausgangsdaten für die Spitze S und in parallel laufender Rechnung für die Lichtgrenze G, d. h. l_G, b_G und ξ_G, η_G.

C. Die Koordinaten des idealen Terminators

Bei der Ermittlung von ξ_T, η_T, ζ_T und l_T benötigt man die Werte C und D (interpoliert für die Zeit der Messung G—S) sowie b_T, den Mittelwert der fast identischen Breiten b_B und b_S. Aus der allgemeinen Formel für die Höhe h der Sonne über einem Mondpunkt mit der selenozentrischen Länge l und Breite b.

$$\sin h = \sin b \, . \, \sin B + \cos b \, . \, \cos D \, . \, \sin (l + C) \quad (19)$$

folgt für den Terminator und die Mitte der Sonne, d. h. $h = 0$

$$\sin (l_{T_\bullet} + \varepsilon) = - \operatorname{tg} b \, . \, \operatorname{tg} D \quad (20)$$

und damit $l_{T_\bullet}$.

Da aber das erste Aufleuchten der Spitze beobachtet wurde, muß statt der Sonnenmitte eine Stelle nahe dem oberen Sonnenrande in Rechnung gesetzt werden, und zwar nicht gerade der Sonnenradius von 0°,25, sondern zweckmäßigerweise 0°,20 (vgl. Tab. 2 auf S. 120). Diese Stelle erscheint um so früher, je größer die selenozentrische Breite der beobachteten Spitze ist. Bei der geringen Neigung des Mondäquators zur Ekliptik (1°,5) genügt es, l_T um $\pm$ 0°,20 sec b zu verbessern. Dann ist

$$\xi_T = \cos b_T \sin l_T; \; \eta_T = \sin b_T; \; \zeta_T = \cos b_T \cos l_T. \quad (21)$$

D. Die Berechnung der Geländeneigung

Entsprechend den Ausführungen auf Seite 125 werden — gleichförmig für G und S — die ζ-Werte gewonnen aus

$$\zeta = \zeta_T + (\xi_T - \xi) \operatorname{tg} C \tag{22}$$

und anschließend die Abstände $r_G = 1 + h_G$ und $r_s = 1 + h_S$ von der Mondmitte in erster Näherung mit

$$\operatorname{tg} l = \xi/\zeta;\ r \cos b = \zeta \sec l;\ \operatorname{tg} b = \eta_T/r\cos b;\ r = (r \cos b) \sec b \tag{23}$$

ferner wird die Strecke

$$G\,S = s = (\xi_G - \xi_S)\,.\sec C \tag{24}$$

Mit dem Cosinussatz wird nun

$$\cos (90 - i) = \sin i_g = \frac{r_s^2 + s^2 - r_s^2}{2\,s}. \tag{25}$$

E. Die Endwerte

Die hier des Zusammenhanges wegen noch einmal angeführte Formel von Jakowkin-Belkowitsch

$$\Delta_\xi = \frac{(\xi_G - \xi_T) \cos b_T}{\sin (l_T - i)} - \frac{\cos^2 b_T}{\sin (l_T - i)} (\sin l_T - \sin [l_T - i]) \tag{26}$$

gibt schließlich die gewünschte absolute Höhe von G. Die von S ist dann:

$$\Delta_S = \Delta_\xi + (h_S - h_G). \tag{27}$$

Schlußbemerkungen

In Ergänzung zu den Ausführungen auf S. 109 und 113 seien zuerst zwei konstruierte Beispiele besprochen. Es sei jeweils zur Vereinfachung $b = D = 0$ gesetzt und $\Delta = +\ 0{,}00500 = +\ 8{,}7$ km. l_0 sei $+\ 60°$ bzw. $+\ 80°$. Dann ergibt sich, daß bei einer immerhin beträchtlichen Libration von 5°6 der Stereoeffekt bei der schon ungewöhnlich großen Höhe nur 0″22 bzw. 0″06 beträgt, daß also bei mäßigen Abständen von der Mondmitte dieses Verfahren recht unsicher wird. Es war durchaus richtig, daß bei der zweiten AMS-Karte die Grenzen auf $\pm\ 40°$ in Länge und Breite beschränkt wurden. Ähnlich will anscheinend auch die US-Air-Force nur Karten relativ nahe der scheinbaren Mondmitte herstellen.

Zur analogen Prüfung des verbesserten Lichtgrenzen-Verfahrens sei in beiden Fällen der Neigungswinkel zu $i = 0^\circ{,}25$ angenommen. Dann ergibt sich $\xi = +0{,}87287$, $\xi_T = +0{,}86603$ für $l_0 = C = 60^\circ$. Eine Meßunsicherheit von $\pm 0''{,}3$ entspricht eine der absoluten Höhe von $\pm 0{,}4$ km, also durchaus günstiger als beim Stereoeffekt. Mit Ritters Ansatz bekommt man $\Delta = +13{,}8$ km gegenüber dem Sollwert 8,7 km.

Für $l = C = 80^\circ$ wird analog $\xi = +0{,}99050$, $\eta = +0{,}98481$. Der Einfluß der Meßunsicherheit bleibt der gleiche. Ritters Ansatz führt auf $\Delta = +10{,}0$ km statt 8,7 km. In beiden Fällen liefert Ritter zu starke Höhendifferenzen (vgl. S. 121).

Die für den Stereoeffekt brauchbaren Teile der Mondoberfläche umfassen bei der AMS-II-Karte nur 28,6% der uns zugekehrten Seite. Selbst wenn man weitergehen sollte, bis z. B. 60° bleiben noch über 40%, für die nun das Lichtgrenzenverfahren einzusetzen wäre. Zwischen 30° und 60° könnten sie sich gegenseitig kontrollieren.

Das L. G.-Verfahren ist noch aus einem anderen Grunde dringend nötig. Die Nichtberücksichtigung der absoluten Höhen führt (s. S. 114) zu erheblich falschen Werten für die selenographischen Längen und Breiten, in obigen Beispielen zu Fehlern von $0^\circ{,}79$ und $2^\circ{,}10$! Man würde also bei der genauen Auswertung von Aufnahmen, die ein um den Mond geschicktes Instrumentarium gemacht hat, in erhebliche Schwierigkeiten kommen.

Aus diesem Grund ist es auch nötig, die an sich sehr guten Messungen von Franz an Hunderten randnahen Punkte [10] stets in folgender Form zu verwerten:

a) Umrechnung der von ihm in bezug auf eine ideale Kugel berechneten selenozentrischen Längen und Breiten in ξ, η-Werte,

b) diese liegen dann im System Saunder und müssen auf das System Schrutka umgerechnet werden (s. S. 129).

Daß das hier vorgeschlagene Verfahren zu brauchbaren Ergebnissen führen kann, haben einige zwanzig mikrometrische Beobachtungen am hiesigen 8-Zöller bewiesen, doch muß zu einer objektiven Beurteilung viel mehr Material gesammelt werden. Hierüber sei in einer späteren Arbeit berichtet.

Es ist naheliegend, auch eine entsprechende photographische Methode zu entwickeln. Doch kann das im Augenblick erst ein erwünschtes Ziel sein.

Literatur

[1] Galileo Galilei (1610), „Nuncius Sidereus", Padua.
[2] Helvelius, J. (1647), „Selenographia", Danzig.
[3] Schröter, J. H. (1791), „Selenotopographische Fragmente" I; (1802), „Selenotopographische Fragmente" II.
[4] Mädler, J. H., Mappa selenographica 1837.
[5] Schmidt, J., Charte der Gebirge des Mondes, 1878.
[6] Schrutka-Rechtenstamm, G., Mitt. Wiener Sternwarte, Bd. **7**, S. 127.
[7] Blagg, Mary A. und K. Müller, Named Lunar Formations, London 1935.
[8] Franz, J., Astr. Beob. Königsberg, Bd. **38**, 1889.
[9] Franz, J., Mitt. Stw. Breslau, Bd. **1**.
[10] Franz, J., Die Randlandschaften des Mondes, Nova Acta Leopoldina, Halle 1913.
[11] Saunder, S. A., Memoires Royal Astron. Soc., Bd. **60**, London 1911.
[12] Hayn, F., Selenographische Koordinaten I—IV, Sächs. Akad. d. Wiss., Leipzig 1904—1914.
[13] Roth, H., Mitt. Stw. Wien, Bd. **4**, S. 87, 1950.
[14] Hopmann, J., Selenodätische Untersuchungen, Mitt. Wien, Bd. **6**, S. 13, 1954.
[15] Schrutka, G., Mitt. Wien, Bd. **8**, S. 151, 1956.
[16] Schrutka, G., Mitt. Wien, Bd. **9**, S. 97, 1958.
[17] Schrutka, G., Mitt. Wien, Bd. **9**, S. 251, 1958.
[18] Schrutka, G. und J. Hopmann, Bd. **10**, 1959.
[19] Army Map Service, Technical Report Nr. 29, August 1960.
[20] Baldwin, Sky and Telescope, Bd. **XXI**, S. 84, 1961.
[21] Astr. Contr. from the Univ. of Manchester, Series **III**, Nr. 90, 1960.
[22] Sky and Telescope, Bd. **XXIII**, S. 204, 1962.
[23] Ritter, H., Astron. Nachrichten **252**, S. 157, 1934.
[24] Kopal, Zdenek, Physics and Astronomy of the Moon, Academic Press, New York-London, 1962.
[25] Graff, K., Veröffentl. Recheninst. Berlin, Nr. **14**, 1901.
[26] MC. Math, R. R., Publ. Univ. Obs. Michigan **6**, 67.
[27] Van Diggelen, J. Bull. Astr. Inst. Netherlds. **11**, 283. (1951).
[28] Fiedler, G. Mon. Not. R. Astr. Soc. **118**, 547. (1958).
[29] Jakowkin und J. Belkowitsch, Zur Frage nach der Bestimmung der Mondfigur mittels Terminatorbeobachtung, Astr. Nachr. **256**, S. 305, 1933.
[30] Atkinson, R. E. Mon. Not. R. Astr. Soc. **111**, 448. (1951).

Summary

1) After a description of the history of selenodesy and of the catalogues of lunar coordinates available to-day, a statistical comparison is made between the recent lunar contour maps, viz. two maps by the U. S. Army Map Service, one by Baldwin, and a list of 150 trig. points by Schrutka. All are based on the use of the stereo-effect. The stereo-effect is so small, however, that although the four works do show a general agreement with each other, values for the individual points scatter considerably, which leads to rather low coefficients of correlation between them. It demonstrates the necessity of providing a grid of well established lunar altitudes, based on as many and independent observational data as possible, to serve as a basis for future individual works. This would only be a new application of an old principle in Astronomy.

At a distance greater than 60° from the centre of the moon the stereoscopic method becomes too unreliable and will have to be supplemented by some other method.

2) A comparison of the classical measurements of relative altitudes with both visual and photographic modern determinations shows that Mädler's and Schmidt's observations are still of good use to-day. The photographic observations are more liable to systematic errors than the visual ones. Neglect of absolute altitudes may also lead to systematic errors in the values for relative heights.

3) H. Ritter has drawn and published a contour map based on the observation of the true terminator. A statistical examination of this map with the ones mentioned above led to the following conclusions; a) the high coefficient of correlation indicates that this new method is at least in principle correct, b) Ritter used an essentially graphic method of observation. This will have to be substituted by suitable micrometer measurements. c) Jakowkin and Belkovitsch rightly point out that the incline of the lunar surface along the terminator needs to be known.

This explains why Ritter's range of altitudes is too great. If, on the other hand, all absolute heights are put equal to zero, then his measurements yield values for the incline of the terrain (which again come out too great on everage). But on average (about $.^{\circ}25$ or one part in 200) they are nevertheless unexpectedly small. Apart from the actual mountain formations, the whole surface of the moon is extraordinarily smooth, with the spherical curvature dominating all other effects of slope.

4) One way of improving the terminator method would be to measure micrometrically the exact position of an isolated mountain peak beyond the terminator, just as it comes into the light (or at the moment of its disappearing into darkness) with reference to any of the numerous trig. points of the fourth order. At the same time, the distance between this peak and the real

terminator must be measured. The method of deriving absolute altitudes is illustrated by a greatly simplified example.

5) All the details which apply in general are dealt with next (Influence of lunar parallaxe, libration, selenocentric coordinates of the sun, solar radius etc.).

6) Examples illustrate not only the mistakes Ritter made, but show also how the two methods—use of the stereo-effect and measuring the terminator —supplement and check each other: the stereo-method may be used in the range from the centre of the lunar disk to an angle of about 50°, the terminator-method yields good results between 30° and the limb.

Furthermore, a precise determination of the selenographic longitudes and latitudes of points very near the limb is only possible by the terminator-method. This will be important for the evaluation of photographs to be taken from space-craft for the purpose of linking the maps of the reverse and front halves of the moon.

Petri W.: Katalog der galaktozentrischen Bahnelemente von 353 Sternen der Sonnenumgebung S 12.—

Schrutka-Rechtenstamm G.: Relative Höhenbestimmungen auf dem Monde mittels des Pariser Mondatlasses und visueller Messungen am Fernrohr. S 30.—

Schütte K.: Galaktozentrische Bahnelemente von 1026 Fixsternen in der nächsten Umgebung der Sonne (Teil IV u. V) (mit 4 Abbildungen). S 26.90

Widorn Th.: Lichtelektrische Beobachtungen am 33-cm-Astrographen der Universitätssternwarte Wien (mit 2 Abbildungen). S 10.90

1955 (S II, Bd. 164):

Ferrari d'Occhieppo K.: Direkte Relationen zwischen ekliptikalen, galaktischen und azimutalen Koordinaten. S 39.50

Ferrari d'Occhieppo K.: Die Massen der Delta Cephei- und RR-Lyrae-Sterne (mit 1 Abbildung). S 7.—

Franz O.: Strahlungsenergetische Parallaxen von 400 Doppelsternen (mit 8 Abbildungen). S 90.40

Haupt H.: Eine ungewöhnliche Spektralaufnahme einer Protuberanz am Koronographen (mit 2 Abbildungen). S 5.90

Hopmann J.: Zur Statistik der visuellen Doppelsterne. S 32.—

Schrutka-Rechtenstamm G.: Zur Physischen Libration des Mondes. S 78.—

GPSR Compliance
The European Union's (EU) General Product Safety Regulation (GPSR) is a set of rules that requires consumer products to be safe and our obligations to ensure this.

If you have any concerns about our products, you can contact us on

ProductSafety@springernature.com

In case Publisher is established outside the EU, the EU authorized representative is:

Springer Nature Customer Service Center GmbH
Europaplatz 3
69115 Heidelberg, Germany

www.ingramcontent.com/pod-product-compliance
Ingram Content Group UK Ltd.
Pitfield, Milton Keynes, MK11 3LW, UK
UKHW021932190726
13853UKWH00002B/989